电网企业班组安全生产

百问百答

变电检修

国网浙江省电力有限公司绍兴供电公司 组编

U0246620

中国电力出版社
CHINA ELECTRIC POWER PRESS

图书在版编目（CIP）数据

电网企业班组安全生产百问百答. 变电检修 / 国网浙江省电力有限公司绍兴供电公司组编. —北京: 中国电力出版社, 2018.9

ISBN 978-7-5198-2246-0

Ⅰ.①电… Ⅱ.①国… Ⅲ.①电力工业－工业企业管理－班组管理－安全生产－中国－问题解答②变电所－检修－安全管理－问题解答 Ⅳ.① F426.61-44 ② TM63-44

中国版本图书馆 CIP 数据核字（2018）第 160683 号

出版发行: 中国电力出版社
地　　址: 北京市东城区北京站西街 19 号（邮政编码 100005）
网　　址: http://www.cepp.sgcc.com.cn
责任编辑: 崔素媛（010-63412392）
责任校对: 黄　蓓　郝军燕
装帧设计: 张俊霞（版式设计和封面设计）
责任印制: 杨晓东

印　　刷: 北京瑞禾彩色印刷有限公司
版　　次: 2018 年 9 月第一版
印　　次: 2018 年 9 月北京第一次印刷
开　　本: 880 毫米×1230 毫米 64 开本
印　　张: 1.375
字　　数: 46 千字
印　　数: 0001—3000 册
定　　价: 19.00 元

内容提要

本套丛书旨在提高电网企业班组人员的安全知识和安全技能。

本书采用"一问一答"的形式，选取了电网企业变电检修专业常见的、容易导致安全事故的问题，包括通用安全、变电检修、远方自动化、电气试验、继电保护共 5 个方面。

本书精心选取了 100 个问题，这 100 个问题紧贴基层工作实际，答案通俗易懂、简明扼要、图文并茂，易于被一线员工所接受。

本书可作为电网企业变电检修人员的日常安全知识工具书，也可用于现场工作资料查询，还可用作学习培训教材。

编 写 组

主　编　陶鸿飞

副主编　姚建立　张伟忠

参　编　朱　伟　赵　洲　胡雪平　葛昆明　王志亮
　　　　　倪钱杭　何俊峰

绘　图　王瑞龙

前　言

　　党的十九大指出，要牢固树立安全发展理念，弘扬生命至上、安全第一的思想，坚守发展决不能以牺牲安全为代价这条不可逾越的红线和遏制重特大事故发生这条底线。电力作为在国民经济的重要行业，安全生产就显得尤为重要。

　　根据国家电网公司关于强化本质安全的有关要求，要把队伍建设作为安全工作的关键，要全面加强员工安全知识和技能培训，努力适应新形势下公司和电网发展需要。因此，电网企业各级人员尤其是一线员工必须要牢固掌握本岗位的安全知识，熟悉安全规程制度，具备保证安全的技能，增强全员事故预防和应对能力，确保电网可靠运行。

　　本套丛书共分为《变电运维》《变电检修》《输电运检》和《配电运检》4个分册。每个分册都采用"一问一答"的形式，精心选取了电网企业各专业常见的、易造成安全事故的100个问题，这100个问题紧贴基层工作实际，答案通俗易懂、简明扼要、图文并茂，易于被一线员工所接受。

　　本套丛书由国网浙江省电力有限公司绍兴供电公司具有丰富管理经验和一线实践经验的人员编写，本书在编写过程中得到了国网浙江省电力有限公司绍兴供电公司相关部门领导和同事的支持和帮助，在此表示衷心感谢。同时也感谢中国电力出版社给予的大力支持。

　　由于编者水平有限，书中不足之处，希望各位读者予以批评指正。

目　录

三、远方自动化

四、电气试验

五、继电保护

一、通用安全

1. 作业现场和作业人员应满足哪些基本条件？

答： 作业现场的生产条件和安全设施等应符合有关标准、规范的要求，工作人员的劳动防护用品应合格、齐备。经常有人工作的场所及施工车辆上宜配备急救箱，存放急救用品，并应指定专人经常检查、补充或更换。现场使用的安全工器具应合格并符合有关要求。各类作业人员应被告知其作业现场和工作岗位存在的危险因素、防范措施及事故紧急处理措施。

作业人员应经医师鉴定，无妨碍工作的病症（体格检查每两年至少一次）。具备必要的电气知识和业务技能，且按工作性质，熟悉《国家电网公司电力安全工作规程（变电部分）》（以下简称《安规》）的相关部分，并经考试合格。具备必要的安全生产知识，学会紧急救护法，特别要学会触电急救。

2. 变电检修人员上岗前和在岗时的安全培训有哪些基本要求？

答： 变电检修人员在上岗前应经过检修、试验规程的学习和至少2个月的跟班实习，并经考试合格后上岗。从事特种作业和操作特种设备的人员还应取得相关的特种作业证书或特种设备操作证。

在岗的变电检修人员应定期进行有针对性的现场考问、反事故演习、技术问答、事故预想等现场培训活动，学会自救互救方法、疏散和现场紧急情况的处理，应熟练掌握触电现场急救方法，掌握消防器材的使用方法。此外，因故间断电气工作连续 3 个月以上的变电检修人员，应重新学习《安规》，并经考试合格后，方可再上岗工作。离开特种作业岗位 6 个月的作业人员应重新进行实际操作考试，考试合格后方可上岗。若应用新工艺、新技术、新设备、新材料时，相关人员应进行专门的安全教育和培训，经考试合格后，方可上岗。

👤 3. 班前会和班后会应包括哪些内容？

答：班前会应结合当班运行方式、工作任务，开展安全风险分析，布置风险预控措施，组织交待工作任务、作业风险和安全措施，检查个人安全工器具、个人劳动防护用品和人员精神状况。班后会应总结讲评当班工作和安全情况，表扬遵章守纪，批评忽视安全、违章作业等不良现象，布置下一个工作日任务。班前会和班后会均应做好记录。

👤 4. 外来工作人员进入作业现场有哪些安全规定？

答：外来工作人员必须经过安全知识和安全规程的培训，并经考试合格后方可上岗。在工作时必须持证或佩戴标志上岗。若从事有危险的工作时，应在有经验的变电运维人员带领和监护下进行，并做好安全措施，开工前由监护人将带电区域和部位等危险区域、警告标志的含义向外来工作人员交代清楚并要求外来工作人员复述，复述正确方可开工。禁止在没有监护的条件下指派外来工作人员单独从事有危险的工作。

👤 5. 现场勘察应如何组织实施？

答：对于变电检修（施工）作业，工作票签发人或工作负责人认为有必要现场勘察的，检修（施工）单位应根据工作任务组织现场勘察，并填写现场勘察记录。现场勘察由工作票签发人或工作负责人组织。对涉及多专业、多部门、多单位的作业，应由项目主管部门（单位）组织相关人员共同参与。勘察时，应查看作业需要停电范围、保留的带电部位、装设接地线的位置、邻近线路、交叉跨越、多电源、自备电源、地下管线设备和作业现场的条件、环境及其他影响作业的危险点，并提出针对性的安全措施和注意事项。带电作业前，应根据勘察结果做出能否进行带电作业的判断，并确定作业方法和所需工具以及应采取的措施。

👤 6. 触电伤员脱离电源后，应如何判断其有无意识？

答：应按照以下方法判断其有无意识：

（1）轻轻拍打伤员肩部，高声喊叫，"喂！你怎么啦？"；

（2）如认识，可直呼喊其姓名。有意识，立即送医院；

（3）眼球固定、瞳孔散大，无反应时，立即用手指甲掐压人中穴、合谷穴约 5s。

7. 常用的安全标识牌应悬挂在哪些地方？

答：根据《安规》要求，安全标识牌应悬挂下列地方：

（1）"禁止合闸，有人工作！"应悬挂在一经合闸即可送电到施工设备的断路器（开关）和隔离开关（刀闸）操作把手上；

（2）"禁止合闸，线路有人工作！"应悬挂在线路断路器（开关）和隔离开关（刀闸）把手上；

（3）"禁止分闸！"应悬挂在接地刀闸与检修设备之间的断路器（开关）操作把手上；

（4）"在此工作"应悬挂在工作地点或检修设备上；

（5）"止步，高压危险！"应悬挂在施工地点邻近带电设备的遮拦上、室外工作地点的围栏上、禁止通行的道路上、高压试验地点、室外构架上和工作地点邻近带电设备的横梁上。

（6）"从此上下"应悬挂在工作人员可以上下的铁架、爬梯上；

（7）"从此进出！"应悬挂在室外工作地点围栏的出入口处；

（8）"禁止攀登，高压危险！"应悬挂在高压配电装置构架的爬梯上，变压器、电抗器等设备的爬梯上。

8. 安全工器具的检查、保管和试验有哪些基本要求?

答:(1)检查要求。安全工器具使用前的外观检查应包括绝缘部分有无裂纹、老化、绝缘层脱落、严重伤痕,固定连接部分有无松动、锈蚀、断裂等现象。对其绝缘部分的外观有疑问时应进行绝缘试验合格后方可使用。

(2)保管要求。安全工器具宜存放在温度为 −15 ~ +35℃、相对湿度为 80% 以下、干燥通风的安全工器具室内。运输或存放在车辆上时,不得与酸、碱、油类和化学药品接触,并有防损伤和防绝缘性能破坏的措施。成套接地线宜存放在专用架上,架上的编号与接地线的编号应一致。绝缘隔板和绝缘罩应放在室内干燥、离地面 200mm 以上的架上或专用的柜内。使用前应擦净灰尘。如果表面有轻度擦伤,应涂绝缘漆处理。

(3)试验要求。安全工器具应经过国家规定的型式试验、出厂试验和使用中的周期性试验。安全工器具经试验合格后,应在不妨碍绝缘性能且醒目的部位粘贴合格证。

9. 哪些情况下禁止进行动火作业?

答:下列情况禁止进行动火作业:

(1)压力容器或管道未泄压前;

(2)存放易燃易爆物品的容器未清理干净前或未进行有效置换前;

（3）风力达 5 级以上的露天作业；

（4）喷漆现场；

（5）遇有火险异常情况未查明原因和消除前。

10. 供电企业相关的特种作业人员和特种设备操作人员分别有哪些？

答： 供电企业相关的特种作业人员主要有以下 3 类：

（1）电工作业人员：是指需要在公司管辖电网资产以外设备上进行作业的公司员工以及进入电网企业作业的外协单位施工人员；

（2）焊接与热切割作业人员：是指从事焊接或者热切割工作的人员；

（3）高处作业人员：是指公司系统内从事专门或经常在坠落高度基准面 2m 及以上有可能坠落的高处进行作业的人员。

供电企业相关的特种设备操作人员主要有以下 3 类：

（1）电梯操作人员：是指公司系统内从事电梯机械安装维修、电梯电气安装维修、电梯司机的人员；

（2）起重机械操作人员：是指公司系统内的起重机械安装维修人员、起重机械电气安装维修人员、起重机械指挥人员、桥门式起重机司机、塔式起重机司机、门座式起重机司机、缆索式起重机司机、流动式起重机司机、升降机司机、机械式停车设备司机；

（3）场（厂）内专用机动车辆作业：是指公司系统内的车辆维

修人员、叉车司机、搬运车牵引车推顶车司机、内燃观光车司机、蓄电池观光车司机。

11. 劳务分包中发包方应承担哪些安全责任?

答: 劳务分包中发包方有以下主要安全职责:

(1)审查承包方企业资质、业务资质和安全资质,审查承包方人员持证情况,审查承包方安全管理机构及人员配置情况;

(2)在开工前与承包方签订分包合同及安全协议;

(3)在进场前核查承包方进场人员资质,在开工前对承包方项目经理、现场负责人、技术员和安全员进行全面的安全技术交底;

(4)对劳务分包人员进行岗位安全操作规程和安全技能培训考试,并定期组织开展应急演练;

(5)配备劳务分包作业所需的个人安全防护用品、施工机械、起重设备;

(6)编制劳务分包作业的施工安全方案;

(7)签发安全施工作业票并担任作业工作负责人。

二、检修作业

12. 变压器真空滤油机使用时应重点注意哪些安全事项？

答： 变压器真空滤油机使用时应重点注意下列安全事项：

（1）真空滤油机外壳必须可靠接地，管路应可靠连接，以防止漏电或静电引起的人身触电或火灾；

（2）为防止抽真空过程中真空泵停用或发生故障时，真空泵润滑油被吸入变压器本体，真空系统应装设逆止阀或缓冲罐；

（3）抽真空过程中，严禁使用麦氏真空表，以防麦氏表中的水银被吸入变压器本体。

13. 常用的变压器储油柜注油应重点注意哪些安全事项？

答： 常用的变压器储油柜注油时，应根据结构特点，重点注意下列安全事项：

（1）胶囊式储油柜注油时，先将油注满储油柜，直至排气孔出油，再从储油柜排油管排油，直至油位计指示正常油位为止；

（2）隔膜式储油柜注油前应将隔膜上部的气体排除，由注油管向隔膜下部注油达到比指定油位稍高，然后再次充分排除隔膜上部的气体，调整达到指定油位；

（3）金属波纹内油式储油柜注油时，应时刻注意油位指针的位置，边注油边排气，调整达到指定油位；

（4）金属波纹外油式储油柜注油时，必须保持呼吸口阀门关闭和排气口阀门打开的状态，注油至排气口排净空气并稳定出油后，关闭排气口阀门，同时停止注油，打开呼吸口，并检查确认油位正常。

👤 14. 更换变压器瓦斯继电器有哪些主要风险？应注意哪些安全事项？

答：更换变压器瓦斯继电器时主要有人身触电、高处滑跌、设备漏油、进水受潮等风险。

作业时应重点注意下列安全事项：

（1）切断气体继电器直流电源，断开气体继电器二次连接线，并进行绝缘包扎处理；

（2）不停电工作时应注意与带电设备保持足够的安全距离，并停用相应瓦斯保护；

（3）应规范使用安全带，及时清理油污，严禁上下抛掷物品；

（4）更换后检查确认密封良好、无渗漏油，排净气体，开启两侧关闭的蝶阀，并装好防雨罩；

（5）接线盒导水孔畅通，电缆引出孔应封堵严密，出口电缆应设防水弯，电缆外护套最低点应设排水孔。

15. 人员进入充氮保护的变压器内部有哪些主要风险？应注意哪些安全事项？

答： 进入充氮保护的变压器内部时主要有人身窒息、器身受潮、人员滑跌、物品遗留器身、火灾等风险。

作业时应重点注意下列安全事项：

（1）优先使用干燥空气发生器置换氮气。无干燥空气发生器时，油箱下部至少打开两个人孔，上部打开两头套管升高安装盖板，对流时间不少于 1h，待确认箱体内部含氧量达到 18% 后，方可进入器身检查；

（2）检查时，环境相对湿度 ≤ 75%；

（3）进入器身穿专用的无扣件的检查服和防滑靴；

（4）所带工器具详细登记，所有进入器身人员口袋内禁止存放金属件；

（5）器身周围禁止吸烟和动火作业，如必须动火，须严格做好防火措施。

16. 压力释放阀检修安装有哪些主要风险？有哪些关键预控措施？

答：压力释放阀检修安装时主要有误整定、高处摔跌、误发信、直流接地、渗漏油等风险。

作业时应注意下列关键预控措施：

（1）释放阀校验合格，定值及有关性能符合产品技术参数；

（2）安装人员站位、布梯合理，正确使用安全带，做好防止高处摔跌措施；

（3）二次电缆禁止使用橡皮电缆，对释放阀的橡皮电缆进行更换；

（4）二次接线盒密封可靠，有防雨罩，回路绝缘良好；

（5）安装平面平整，密封橡皮压缩量能保证不发生渗漏；

（6）放尽压力释放阀内部气体。

17. 变压器检修排油应重点注意哪些安全事项？

答：变压器检修排油应重点注意下列安全事项：

（1）合理安排油罐、油桶、管路、滤油机、油泵等工器具放置位置并与带电设备保持足够的安全距离；

（2）检查检修场地周围应无可燃或爆炸性气体、液体或引燃火种，否则应采取有效的防范措施；

（3）排油时，必须将变压器进气阀和油罐的放气孔打开，如需人员进入器身检修时，进气阀和放气孔须接入干燥空气装置，110kV及以上电压等级的变压器宜采用充干燥空气排油法；

（4）有载分接开关油室排油时，应使用专用的滤油机和油桶。

18. 哪些检修作业应将运行的变压器的重瓦斯保护改信号状态？

答： 下列检修作业应将运行的变压器的重瓦斯保护改信号状态：

（1）进行带电注油和滤油时；

（2）进行呼吸器畅通工作或更换硅胶时；

（3）除取油样外，其他地方打开放气塞、进出油阀门可能导致重瓦斯误动时；

（4）开、闭气体继电器连接管上的阀门时；

（5）在瓦斯保护及其二次回路上进行工作时；

（6）运行中变压器更换潜油泵时。

19. GIS设备外壳应如何预防感应电伤害？

答： 全封闭组合电器外壳受电磁场的作用会产生感应电势，危及人身安全，应有可靠的接地，并满足下列要求：

（1）接地网应采用铜质材料，以保证接地装置的可靠性和稳定性，而且所有接地引出端都必须采用铜排，以减小总的接地电阻值；

（2）由于 GIS 各气室外壳之间的对接面均没有盆式绝缘子或者橡胶密封垫，两个筒体之间必要时另设跨接铜排，且其截面需按照主接地网考虑；

（3）在正常运行，特别是在电力系统发生短路接地故障时，外壳上会产生较高的感应电动势。要求所有金属筒体之间要用铜排连接，并应有多点与主接地网相连接；

（4）一般 GIS 外壳需要几个点与主接地网连接，应由制造厂根据订货单位所提供的接地网技术参数来确定。

🧑 20. SF$_6$ 充气设备抽真空时如何防控异物倒吸的风险？

答： SF$_6$ 充气设备抽真空时应采取下列措施，防控异物倒吸的风险：

（1）SF$_6$ 充气设备在进行抽真空处理时，应采用出口带有电磁阀的真空处理设备，且在使用前应检查电磁阀动作可靠，防止抽真空设备意外断电造成真空泵油倒灌进入设备内部；

（2）在真空处理结束后应检查抽真空管的滤芯是否有油渍；

（3）为防止真空度计水银倒灌进入设备中，禁止使用麦氏真空计。

21. 变电站内接地装置的设置应注意哪些安全要点?

答:变电站内接地装置的设置应重点注意下列安全要点:

(1)接地体宜避开人行道和建筑物出入口附近,与建筑物的距离应不小于1.5m,与独立避雷针的接地体之间的距离应不小于3m。接地体的上端埋入深度应不小于0.6m,并应埋在冻土层以下的潮湿土壤中;

(2)电气设备及构架应该接地部分,都应直接与接地体或它的接地干线相连接,不允许把几个接地的部分用接地线串联起来,再与接地体连接;

(3)不论所需的接地电阻值为多少,接地体都不能少于两根,其间距离应不小于2.5m;

(4)接地线位置应便于检查,且不妨碍设备的拆卸与检修;

(5)接地装置各接地体的连接,要用电焊或气焊,不允许用锡焊,且不得有虚焊。

22. 起重挂索应注意哪些安全事项?

答:起重挂索应重点注意下列安全事项:

(1)往吊钩上挂索时,吊索不得有扭花,不能相压,以防压住吊索绳扣,导致结头超过负载能力被拔出而造成事故;

(2)挂索时应注意索头顺序,便于作业后摘索;

(3)吊索在吊升过程中不得用手扶,以免拉紧的吊索伤手;

（4）挂索前应使用起重机吊钩对准吊物重心位置，不得斜吊拖拉；

（5）起吊时，作业人员不能站在死角和吊物下面，尤其是在车内时，更要留有退让余地。

23. SF₆气体回收、充装作业应注意哪些安全事项？

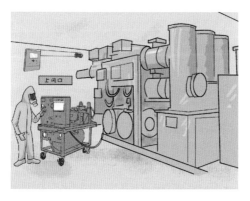

答：SF₆气体回收、充装作业应重点注意下列安全事项：

（1）回收、充装SF₆气体时，工作人员应在上风侧操作，必要时应穿戴好防护用具；

（2）作业环境应保持通风良好，尽量避免和减少SF₆气体泄漏到工作区域；

（3）户内作业要求开启通风系统，监测工作区域空气中SF₆气体含量不得超过 $1000\mu L/L$，含氧量大于 18%。

24. SF₆ 电气设备吸附剂更换作业应注意哪些安全事项?

答:SF₆ 电气设备吸附剂更换作业应重点注意下列安全事项:

(1)新吸附剂使用前,检查包装有无破损、气鼓;

(2)取出旧吸附剂时,应穿戴好乳胶手套,避免直接接触皮肤;

(3)旧吸附剂应倒入 20% 浓度 NaOH 溶液内浸泡 12h 后,装于密封容器内深埋;

(4)重复利用的吸附剂,从烘箱取出前,须适当降温,并戴隔热防护手套。

25. GIS 设备间隔整体更换应注意哪些安全事项?

答:GIS 设备间隔整体更换应重点注意下列安全事项:

(1)断开各来电侧电源并确认无电压,充分释放隔离开关、断路器机构储能;

(2)液压机构应将油压泄压到零。弹簧机构应进行一次合闸一分闸操作,释放弹簧能量;

(3)打开气室封板前,需确认气室内部已降至零压。相邻的气室气体根据各厂家实际情况进行降压或回收处理;

(4)打开气室后,所有人员撤离现场 30min 后方可继续工作,工作时人员站在上风侧,穿戴好防护用具;

(5)对户内设备,应先开启强排通风装置 15min 后,监测工作区域空气中 SF₆ 气体含量不得超过 1000μL/L,含氧量大于 18%,

方可进入，工作过程中应当保持通风装置运转；

（6）起吊前确认连接件已拆除，对接密封面已脱胶。

26. 液压（液压弹簧）机构解体检修应注意哪些安全事项？

答： 液压（液压弹簧）机构解体检修应重点注意下列安全事项：

（1）工作前应将机构储能充分释放；

（2）拆除各二次回路前，应确认均无电压，并做记录；

（3）拆除机构各连接、紧固件，确认连接部位松动无卡阻；

（4）储压器、高压油泵及管道承受压力时不得对任何受压元件进行修理与紧固；

（5）预储能侧能量释放及充入时，应采用厂家规定的专用工具及操作程序；

（6）所有拆卸过的密封件必须全部更换。

27. 隔离开关调试应如何防控人身设备安全风险？

答： 隔离开关调试应重点注意下列人身设备安全风险防控措施：

（1）结合现场实际条件适时装设临时接地线；

（2）施工现场的大型机具及电动机具金属外壳应接地良好、可靠；

（3）工作人员严禁踩踏传动连杆及接地闸刀触臂；

（4）隔离开关调整过程中，应及时断开电动机电源和控制电源；

（5）调整时应遵循"先手动后电动"的原则进行，电动操作时应将隔离开关置于半分半合位置。

👤 28. 手持式电动角磨机使用时应注意哪些安全事项？

答：手持式电动角磨机使用时应重点注意下列安全事项：

（1）使用前仔细检查保护罩、辅助手柄，必须完好无松动；

（2）插头插上之前，应确保角磨机电源开关处于关闭位置；

（3）使用的电源插座必须装有漏电开关装置，并检查电源线无破损；

（4）磨、切方向严禁对着周围的工作人员及易燃易爆危险物品；

（5）打磨时切记不可用力过猛，要均匀用力，以免砂轮片撞碎。如出现卡阻现象，应立即将角磨机提起；

（6）使用角磨机时，严禁手提角磨机的转动和导线部分；

（7）操作角磨机前必须佩戴防护眼镜及防尘口罩；

（8）工作服不应过于宽松，不应佩戴首饰或留长发，严禁不扣袖口工作；

（9）使用手持式电动角磨机时严禁戴线手套；

（10）使用角磨机工作中，因故离开工作现场或暂时停止工作以及遇到临时停电时，应立即切断电源。

👤 29. SF₆ 气体钢瓶使用时应注意哪些安全事项？

答：SF₆ 气体钢瓶使用时应重点注意下列安全事项：

（1）使用前应检查 SF_6 气瓶有完整的瓶帽和防震圈；

（2）SF_6 气瓶应放置在阴凉干燥、通风良好、敞开的专门场所，直立保存，并应远离热源和油污的地方，防潮、防阳光暴晒，并不得有水分或油污粘在阀门上。搬运时，应轻装轻卸；

（3）从 SF_6 气体钢瓶引出气体时，应使用减压阀降压。当瓶内压力降至 $9.8 \times 10^4 Pa$（1 个大气压）时，即停止引出气体，并关紧气瓶阀门，盖上瓶帽。

30. 带电水冲洗用水有哪些安全要求？

答：带电水冲洗用水有下列重点安全要求：

（1）带电水冲洗用水的电阻率一般不低于 $1500 \Omega \cdot cm$，冲洗 220kV 变电设备水电阻率不低于 $3000 \Omega \cdot cm$，并应符合带电水冲洗临界盐密值的要求；

（2）每次冲洗前，都应用合格的水阻表测量水电阻率，应从水枪出口处取水样进行测量。如用水车等容器盛水，每车水都应测量水电阻率；

（3）带电水冲洗作业前应掌握绝缘子的脏污情况，当盐密值大于最大临界盐密值的规定，一般不宜进行水冲洗，否则，应增大水电阻率来补救。

🙇 31. 带电水冲洗操作时如何防闪络？

答： 带电水冲洗操作时主要有下列防闪络措施：

（1）带电水冲洗应注意选择合适的冲洗方法。直径较大的绝缘子宜采用双枪跟踪法或其他方法，并应防止被冲洗设备表面出现污水线。当被冲绝缘子未冲洗干净时，禁止中断冲洗，以免造成闪络。

（2）带电水冲洗前要确知设备绝缘是否良好。有零值及低值的绝缘子及瓷质有裂纹时，一般不可冲洗；

（3）冲洗悬垂、耐张绝缘子串、瓷横担时，应从导线侧向横担侧依次冲洗。冲洗支柱绝缘子及绝缘瓷套时，应从下向上冲洗。

（4）冲洗绝缘子时，应注意风向，应先冲下风侧，后冲上风侧。对于上、下层布置的绝缘子应先冲下层，后冲上层。还要注意冲洗角度，严防临近绝缘子在溅射的水雾中发生闪络。

🙇 32. SF_6 配电装置室内工作应如何防范窒息？

答： SF_6 配电装置室内工作主要有下列防范窒息措施：

（1）尽量避免一人进入 SF_6 配电装置室进行巡视，不准一人进入从事检修工作；

（2）在室内，设备充装 SF_6 气体时，周围环境相对湿度应不大于80%，同时应开启通风系统，并避免 SF_6 气体泄漏到工作区。工作区空气中 SF_6 气体含量不得超过 1000μL/L；

（3）工作人员进入 SF_6 配电装置室，入口处若无 SF_6 气体含量显示器，应先通风 15min，并确保 SF₆ 气体含量合格；

（4）进入 SF₆ 配电装置低位区或电缆沟进行工作应先检测含氧量（不低于 18%）和 SF₆ 气体含量是否合格。

33. SF₆ 电气设备发生渗漏或泄漏应注意哪些安全事项？

答：SF₆ 电气设备发生渗漏或泄漏应重点注意下列安全事项：

（1）进行气体采样和处理一般渗漏时，要戴防毒面具或正压式空气呼吸器并进行通风；

（2）SF₆ 配电装置发生大量泄漏等紧急情况时，人员应迅速撤出现场，开启所有排风机进行排风。未佩戴防毒面具或正压式空气呼吸器人员禁止入内。只有经过充分的自然排风或强制排风，确保 SF₆ 气体合格，并用仪器检测含氧量（不低于 18%）合格后，人员才准进入。发生设备防爆膜破裂时，应停电处理，并用汽油擦拭干净。

34. 开断电缆作业应注意哪些安全事项？

答：开断电缆作业应重点注意下列安全事项：

（1）开断电缆以前，应与电缆走向图图纸核对相符，并使用专用仪器（如感应法）确切证实电缆无电后，用接地的带绝缘柄的铁钎钉入电缆芯后，方可工作；

（2）扶绝缘柄的人应戴绝缘手套并站在绝缘垫上，并采取防灼伤措施（如防护面具等）。

35. 变电站内使用携带型火炉或喷灯应注意哪些安全事项？

答：变电站内使用携带型火炉或喷灯应重点注意下列安全事项：

（1）电压在 10kV 及以下者，火焰与带电部分的距离不得小于 1.5m，电压在 10kV 以上者，火焰与带电部分的距离不得小于 3m；

（2）不准在带电导线、带电设备、变压器、油断路器（开关）附近以及在电缆夹层、隧道、沟洞内对火炉或喷灯加油及点火；

（3）在电缆沟盖板上或旁边进行动火工作时需采取必要的防火措施。

36. 焊接作业应注意哪些安全事项?

答: 焊接作业应重点注意下列安全事项:

(1)不准在带有压力(液体压力或气体压力)的设备上或带电的设备上进行焊接。在特殊情况下需在带压和带电的设备上进行焊接时,应采取安全措施,并经本单位分管生产的领导(总工程师)批准。对承重构架进行焊接,应经过有关技术部门的许可;

(2)禁止在油漆未干的结构或其他物体上进行焊接;

(3)在重点防火部位和存放易燃易爆场所附近及存有易燃物品的容器上使用电、气焊时,应严格执行动火工作的有关规定,按有关规定填用动火工作票,备有必要的消防器材;

(4)在风力超过 5 级及下雨雪时,不可露天进行焊接工作。如必须进行时,应采取防风、防雨雪的措施;

(5)电焊机的外壳应可靠接地,接地电阻不得大于 4Ω;

(6)氧气瓶内的压力降到 0.2MPa,不准再使用。用过的瓶上应写明 "空瓶"。使用中的氧气瓶和乙炔气瓶应垂直放置并固定起来,氧气瓶和乙炔气瓶的距离不得小于 5m,气瓶的放置地点不准靠近热源,应距明火 10m 以外;

(7)氩弧焊作业场地应空气流通,作业中应开动通风排毒设备,操作人员随时佩戴静电防尘口罩等其他个人防护用品。氩弧瓶应远离明火 3m 以上。工件良好接地,焊枪电缆和地线要用金属编织线屏蔽,作业完毕应关闭电焊机,再断开电源。

37. 一级动火作业对可燃气体、易燃液体的可燃气体的管控应注意哪些安全事项？

答： 一级动火作业对可燃气体、易燃液体的可燃气体的管控应重点注意下列安全事项：

（1）一级动火在首次动火时，各级审批人和动火工作票签发人均应到现场检查防火安全措施是否正确完备，测定可燃气体、易燃液体的可燃气体含量是否合格，并在监护下作明火试验，确无问题后方可动火；

（2）一级动火工作在次日动火前应重新检查防火安全措施，并测定可燃气体、易燃液体的可燃气体含量，合格方可重新动火；

（3）一级动火工作的过程中，应每隔 2～4h 测定一次现场可燃气体、易燃液体的可燃气体含量是否合格，当发现不合格或异常升高时应立即停止动火，在未查明原因或排除险情前不准动火。

38. 千斤顶使用时如何防范人身伤害？

答： 使用千斤顶时，主要有下列防范人身伤害措施：

（1）使用前应检查各部分是否完好。油压式千斤顶的安全栓有损坏、螺旋式千斤顶或齿条式千斤顶的螺纹或齿条的磨损量达 20% 时，禁止使用；

（2）应设置在平整、坚实处，并用垫木垫平。千斤顶应与荷重面垂直，其顶部与重物的接触面间应加防滑垫层；

（3）禁止超载使用，不得加长手柄或超过规定人数操作；

（4）使用油压式千斤顶时，任何人不得站在安全栓的前面；

（5）用两台及两台以上千斤顶同时顶升一个物体时，千斤顶的总起重能力应不小于荷重的两倍。顶升时应由专人统一指挥，确保各千斤顶的顶升速度及受力基本一致；

（6）油压式千斤顶的顶升高度不得超过限位标志线；螺旋式及齿条式千斤顶的顶升高度不得超过螺杆或齿条高度的3/4；

（7）禁止将千斤顶放在长期无人照料的荷重下面；

（8）下降速度应缓慢，禁止在带负荷的情况下使其突然下降。

39. 链条葫芦使用时如何防范人身伤害？

答： 使用链条葫芦时，主要有下列防范人身伤害措施：

（1）使用前应检查吊钩、链条、传动装置及刹车装置是否良好。吊钩、链轮、倒卡等有变形时，以及链条直径磨损量达10%时，禁止使用；

（2）两台及两台以上链条葫芦起吊同一重物时，重物的重量应不大于每台链条葫芦的允许起重量；

（3）起重链不得打扭，也不得拆成单股使用；

（4）不得超负荷使用，起重能力在5t以下的允许1人拉链，起重能力在5t以上的允许两人拉链，不得随意增加人数猛拉。操作时，人员不准站在链条葫芦的正下方；

（5）吊起的重物如需在空中停留较长时间，应将手拉链拴在起重链上，并在重物上加设保险绳；

（6）在使用中如发生卡链情况，应将重物垫好后方可进行检修；

（7）悬挂链条葫芦的架梁或建筑物应经过计算，否则不得悬挂。禁止用链条葫芦长时间悬吊重物。

40. 变电运检一体化业务工作应注意哪些安全事项？

答：变电运检一体化业务工作应重点注意下列安全事项：

（1）运维人员实施不需高压设备停电或做安全措施的变电运维一体化业务项目时，可不使用工作票，但应以书面形式记录相应的操作和工作等内容。各单位应明确发布所实施的变电运维一体化业务项目及所采取的书面记录形式。

（2）运维人员实施需高压设备停电或做安全措施的变电运检一体化业务时，应使用工作票，但一张工作票中，工作许可人与工作负责人不得互相兼任。若工作票签发人兼任工作许可人或工作负责人，应具备相应的资质，并履行相应的安全责任。

（3）经设备运维管理单位（部门）考试合格、批准的本单位的检修人员，可进行220kV及以下的电气设备由热备用至检修或由检修至热备用的监护操作，监护人应是同一单位的检修人员或设备运维人员。检修人员进行操作的接、发令程序及安全要求应由设备运维管理单位（部门）总工程师审定，并报相关部门和调度控制中心备案。

41. 使用总、分工作票应注意哪些安全事项？

答：使用总、分工作票应重点注意下列安全事项：

（1）第一种工作票所列工作地点超过两个，或有两个及以上不同的工作单位（班组）在一起工作时，可采用总工作票和分工作票。总、分工作票应由同一个工作票签发人签发。总工作票上所列的安全措施应包括所有分工作票上所列的安全措施。几个班同时进行工作时，总工作票的工作班成员栏内，只填明各分工作票的负责人，不必填写全部工作班人员姓名。分工作票上要填写工作班人员姓名。

（2）总、分工作票在格式上与第一种工作票一致。

（3）分工作票应一式两份，由总工作票负责人和分工作票负责人分别收执。分工作票的许可和终结，由分工作票负责人与总工作票负责人办理。分工作票应在总工作票许可后才可许可；总工作票应在所有分工作票终结后才可终结。

42. 检修人员与试验人员配合工作应注意哪些安全事项？

答：检修人员与试验人员配合工作应重点注意下列安全事项：

（1）高压试验应填用变电站（发电厂）第一种工作票。在同一电气连接部分，许可高压试验工作票前，应先将已许可的检修工作票收回，禁止再许可第二张工作票。如果试验过程中，需要检修配合，应将检修人员填写在高压试验工作票中。

（2）在一个电气连接部分同时有检修和试验时，可填用一张工作票，但在试验前应得到检修工作负责人的许可。

（3）如加压部分与检修部分之间的断开点按试验电压有足够的安全距离，并在另一侧有接地短路线时，可在断开点的一侧进行试验，另一侧可继续工作。但此时在断开点应挂有"止步，高压危险！"的标示牌，并设专人监护。

43. 作业前的安全交底应注意哪些安全事项？

答：作业前的安全交底应重点注意下列安全事项：

（1）工作许可手续完成后，工作负责人、专责监护人应组织全体作业人员统一进入作业现场，进行安全交底，列队宣读工作票，交待工作内容、人员分工、带电部位、安全措施和技术措施，进行危险点及安全防范措施告知，抽取作业人员提问无误后，全体作业人员确认签字，工作班方可开始工作；

（2）执行总、分工作票或小组工作任务单的作业，由总工作票负责人（工作负责人）和分工作票（小组）负责人分别进行安全交底；

（3）需要变更工作班成员时，应经工作负责人同意，在对新的作业人员进行安全交底手续后，方可进行工作；

（4）一切重大物件的起重、搬运工作应由有经验的专人负责，作业前应向参加工作的全体人员进行技术交底，使全体人员均熟悉起重搬运方案和安全措施；

（5）外单位承担或外来人员参与公司系统电气工作前，设备运维管理单位（部门）应告知现场电气设备接线情况、危险点和安全注意事项；

（6）开始试验前，试验负责人应向全体试验人员详细布置试验中的安全注意事项，交待邻近间隔的带电部位，以及其他安全注意事项；

（7）工作负责人在转移工作地点时，应向作业人员交待带电范围、安全措施和注意事项；

（8）动火作业前，动火工作负责人应向有关人员布置动火工作，交待防火安全措施和进行安全教育；

（9）现场安全交底宜采用录音或影像方式，作业后由作业班组留存一年。

👤 44. 工作负责人、专责监护人在工作监护时应注意哪些安全事项？

答：工作负责人、专责监护人在工作监护时应重点注意下列安全事项：

（1）工作负责人、专责监护人应始终在工作现场，对工作班人员的安全认真监护，及时纠正不安全的行为。

（2）所有工作人员（包括工作负责人）不许单独进入、滞留在高压室、阀厅内和室外高压设备区内。若工作需要（如测量极性、回路导通试验、光纤回路检查等），而且现场设备允许时，可以准许工作班中有实际经验的一个人或几人同时在它室进行工作，但工作负责人应在事前将有关安全注意事项予以详尽的告知。

（3）工作负责人在全部停电时，可以参加工作班工作。在部分停电时，只有在安全措施可靠，人员集中在一个工作地点，不致误碰有电部分的情况下，方能参加工作。

（4）工作票签发人或工作负责人，应根据现场的安全条件、施工范围、工作需要等具体情况，增设专责监护人和确定被监护的人员。专责监护人不得兼做其他工作。专责监护人临时离开时，应通知被监护人员停止工作或离开工作现场，待专责监护人回来后方可恢复工作。若专责监护人必须长时间离开工作现场时，应由工作负责人变更专责监护人，履行变更手续，并告知全体被监护人员。

（5）工作期间，工作负责人若因故暂时离开工作现场时，应指定能胜任的人员临时代替，离开前应将工作现场交待清楚，并告知工作班成员。原工作负责人返回工作现场时，也应履行同样的交接手续。若工作负责人必须长时间离开工作现场时，应由原工作票签发人变更工作负责人，履行变更手续，并告知全体作业人员及工作许可人。原、现工作负责人应做好必要的交接。

45. 现场勘察应注意哪些安全重点？

答：现场勘察应注意下列安全重点：

（1）应注意需要停电的范围，包括作业中直接触及的电气设备，作业中机具、人员及材料可能触及或接近导致安全距离不能满足《安规》规定距离的电气设备；

（2）应注意需要保留的带电部位，包括邻近、交叉、跨越等不需停电的线路及设备，双电源、自备电源、分布式电源等可能反送电的设备；

（3）应注意作业现场的条件，包括装设接地线的位置，人员进出通道，设备、机械搬运通道及摆放地点，地下管沟、隧道、工井等有限空间、地下管线设施走向等；

（4）应注意作业现场的环境，包括施工线路跨越铁路、电力线路、公路、河流等环境，作业对周边构筑物、易燃易爆设施、通信设施、交通设施产生的影响，作业可能对城区、人口密集区、交通道口、通行道路上人员产生的人身伤害风险等。

46. 使用个人保安线应注意哪些安全事项？

答： 使用个人保安线应重点注意下列安全事项：

（1）使用前应检查标识和预防性试验合格证。软铜线护套应无孔洞、无撞伤、无擦伤、无裂缝、无龟裂等。软铜线应无裸露、无松股、无断股、无发黑腐蚀和中间无接头。线夹完整、无损坏，与电力设备及接地体的接触面无毛刺，与操作手柄连接牢固。接线端子与线夹应连接牢固，接线端子与软铜线应接触良好。

（2）装设时，应先接接地端，后接导线端，且接触良好，连接可靠。拆个人保安线的顺序与此相反。个人保安线由作业人员负责自行装、拆。个人保安线应接触或接近导电体作业的开始前挂接，作业结束脱离导电体后拆除。个人保安线仅作为预防感应电使用，不得以此代替工作接地线。只有在接地线装设好后，方可在工作相上挂个人保安线。

（3）使用后应进行检查，确认无异常后方可按规定保管或存放。

47. 使用绝缘隔板应注意哪些安全事项？

答： 使用绝缘隔板应重点注意下列安全事项：

（1）使用前应检查标识和预防性试验合格证。绝缘隔板表面应干燥、清洁，无老化、裂纹或孔隙。根据作业设备电压等级，选用相应电压等级的绝缘隔板。35kV 以上的带电部分不得使用绝缘隔板直接接触带电设备作为遮栏使用。

（2）安放绝缘隔板时应与带电部分保持一定距离（符合《安规》的要求）或者使用绝缘工具进行装拆。安放绝缘隔板时，应戴绝缘手套。如在动、静触头之间安放绝缘隔板时，应使用绝缘棒。绝缘隔板在安放和使用中要防止脱落，必要时可用绝缘绳索将其固定。

（3）使用后应进行检查，确认无异常后方可按规定保管或存放。

三、远方自动化

48. VQC 装置自动调节控制项目检修过程中应重点检查哪些安全闭锁功能？

答：VQC 装置自动调节控制项目检修过程中应重点检查下列安全闭锁功能：

（1）电网故障，保护动作时应闭锁；

（2）分接头及电容器故障时应闭锁；

（3）站控层和间隔层通信故障应闭锁；

（4）主变压器并列运行（两台及以上）差档时应停止调档，防止出现差两档运行。

49. 智能变电站光缆敷设、熔接和安装调试应注意哪些安全事项？

答：智能变电站光缆敷设、熔接和安装调试应重点注意下列安全事项：

（1）光纤与二次设备连接的尾纤应可靠连接，防尘帽无破裂、脱落，密封良好。光纤、尾纤自然弯曲，无折痕，弯曲半径不得小于 10 倍光缆、尾纤直径，外皮无破损。

（2）激光发生器不能空载运行，否则易损坏。

（3）不得用眼睛观察激光孔或激光光缆，否则会烧伤眼睛。

50. 测控装置更换应注意哪些安全事项？

答：测控装置更换应重点注意下列安全事项：

（1）测控装置的出口逻辑接点需要确保后台监控与主站一致，否则将造成遥控结果不一致现象；

（2）隔离开关遥控测试时要防止带负荷操作或带接地闸刀（或接地线）合闸；

（3）精度测试时需要及时与主站联系进行数据封锁，否则会引起遥测数据突变；

（4）测控装置更换时作为安全措施的隔离开关必须断开其操作电源，全部工作结束时将本间隔的隔离开关控制电源通断一次，防止接触器自保持，造成误控隔离开关。

51. 变电站遥信误发或不发会造成哪些危害？

答：变电站遥信误发或不发会造成下列危害：

（1）开关位置误发将造成监控人员及调度员对系统运行方式的误判断，进而造成误操作或误调度；

（2）开关、机构、保护的监视或动作信息拒发，监控人员将无法及时发现设备存在的安全隐患，会造成事故的进一步扩大；

（3）变电站频繁误发一些非重要信号，将造成系统资源的极大浪费，同时造成监控中心值班员监视困难，不容易发现一些重要的信息（如保护动作，开关机构异常等重要信息）。

52. 远动装置更换应注意哪些安全事项？

答：远动装置更换应重点注意下列安全事项：

（1）主站与厂站设置的规约必须一致，否则将影响数据报文交互；

（2）遥信的起始地址必须与主站一致，否则转发的遥信信息将全部错位，影响设备的正常监控；

（3）主站与厂站远动主机的遥控序号必须一致，否则将造成设备的误遥控；

（4）遥测系数的设置必须与实际设备的变比一致，否则将影响遥测数据，影响状态估计的正确性和调度员潮流的正常调整和调度。

53. 智能变电站自动化验收应注意哪些安全事项？

答：智能变电站自动化验收时应重点注意下列安全事项：

（1）检查遥控出口方式的网采网跳或直采直跳，明确采用何种遥控方式，将另一种控制方式关闭，否则存在遥控安全措施不到位，造成误遥设备的安全隐患；

（2）做好后台监控软压板的遥控正确性核对工作；

（3）对全站智能设备的 GOOSE 链路信号和 SV 链路信号进行全面的、不留死角的一一核对，否则一旦链路设置错误，将造成运维值班人员对设备的误判等安全隐患；

（4）做好全站 SCD 文件备份。

54. 测控装置检修或校验应注意哪些安全事项？

答：测控装置检修或校验应重点注意下列安全事项：

（1）工作前、后及时联系相关自动化值班员，做好数据的封锁和解锁工作，否则容易引起遥测数据的突变，造成 AGC 的误动作；

（2）工作前应先短接电流回路后断开电流连接端子，否则精度校验时会造成误差偏大；

（3）工作前必须断开二次电压回路，否则影响运行二次电压回路或造成二次电压回路反充电，影响人身和设备的安全。

55. 更换智能变电站过程层交换机应注意哪些安全事项？

答：更换智能变电站过程层交换机应重点注意下列安全事项：

（1）根据原交换机的备份和交换机的使用情况完成新交换机的 VLAN 的划分；

（2）交换机的端口使用必须根据 VLAN 的详细划分情况与原来使用的一一对应；

（3）必须严格区分 SV 与 GOOSEVLAN 划分，并正确使用；

（4）级联口的流量必须满足数据交互的最大值，否则容易引起丢包现象；

（5）交换机配置结束后应将交换机的配置文件备份，同时检查更换交换机相关的 SV 和 GOOSE 的链路。

56. 智能变电站遥控寄生回路验收应注意哪些安全事项？

答：智能变电站遥控寄生回路验收应重点注意下列安全事项：

（1）遥控合闸试验时所有设备的状态均在遥控状态中且在分闸状态；

（2）遥控分闸试验时所有设备的状态均在遥控状态中且在合闸状态；

（3）遥控设备与实际设备（一次设备）位置一一对应；

（4）遥控试验时必须检查遥控是否通过网采网跳，直采直跳功能是否关闭（特别是保护测控装置）。

57. 变电站间隔层设备与主站进行遥控联调时应注意哪些安全事项？

答：变电站间隔层设备与主站进行遥控联调时应重点注意下列安全事项：

（1）联调期间所有间隔的测控装置均应退出遥控出口压板；

（2）断开所有具有遥控功能的电动闸刀的操作电源；

（3）运行间隔的"远方/就地"切换开关至"就地"（除电容器外）；

（4）主站、厂站双方应仔细核对遥控对象及序号，确认无误后，方可进行联调工作；

（5）遥控设备严格执行操作、监护人制度，遥控过程严格按照"选择、返校、执行"的要求进行，任意环节异常均应立即停止操作，待查明原因后继续；

（6）电容器和分接开关遥控试验时，退出 VQC 的自动调节功能，严密监视系统无功和母线电压出现异常。

四、电气试验

答： 高压试验选用试验装置应重点注意下列安全事项：

（1）试验装置的金属外壳应有可靠接地，高压引线应尽量缩短，并采用专用的高压试验线，必要时用绝缘物支持牢固。

（2）试验装置的电源开关，应使用明显断开的双极刀闸。为了防止误合刀闸，可在刀刃上加绝缘罩。

（3）试验装置的低压回路中应有两个串联电源开关，并加装过载自动跳闸装置。

59. 高压试验应做好哪些防触电的安全措施？

答： 高压试验应重点做好下列防触电（包括防感应电伤害）的主要安全措施：

（1）试验现场应装设遮栏或围栏，遮栏或围栏与试验设备高压部分应有足够的安全距离，向外悬挂"止步，高压危险!"的标示牌，并派人看守。被试设备两端不在同一地点时，另一端还应派人看守。

（2）加压前应认真检查试验接线，使用规范的短路线，表计倍率、量程、调压器零位及仪表的开始状态均正确无误，经确认后，通知所有人员离开被试设备，并取得试验负责人许可，方可加压。加压过程中应有人监护并呼唱。高压试验作业人员在全部加压过程中，应精力集中，随时警戒异常现象发生，操作人应站在绝缘垫上。变更接线或试验结束时，应首先断开试验电源、放电，并将升压设备的高压部分放电、短路接地。

（3）如加压部分与检修部分之间的断开点，按试验电压有足够的安全距离，并在另一侧有接地短路线时，可在断开点的一侧进行试验，另一侧可继续工作。但此时在断开点应挂有"止步，高压危险!"的标示牌，并设专人监护。

（4）未装接地线的大电容被试设备，应先行放电再做试验。高压直流试验时，每告一段落或试验结束时，应将设备对地放电数次并短路接地。

（5）二次回路通电或耐压试验前，应通知运维人员和有关人员，并派人到现场看守，检查二次回路及一次设备上确无人工作后，方可加压。电压互感器的二次回路通电试验时，为防止由二次侧向一次侧反充电，除应将二次回路断开外，还应取下电压互感器高压熔断器或断开电压互感器一次刀闸。

（6）高架车、设备都应可靠接地，在感应电较强区域应穿屏蔽服。

60. 携带型高压测量仪器带电接、拆线时应注意哪些安全事项？

答：携带型高压测量仪器带电接、拆线时应重点注意下列安全事项：

（1）应使用耐高压的绝缘导线，导线长度应尽可能缩短，不准有接头，并应连接牢固，以防接地和短路。必要时用绝缘物加以固定。

（2）使用电压互感器进行工作时，应先将低压侧所有接线接好，然后用绝缘工具将电压互感器接到高压侧。

（3）工作时应戴手套和护目眼镜，站在绝缘垫上，并应有专人监护。

61. 使用钳形电流表时应如何防范触电？

答：使用钳形电流表时应重点注意下列防范触电的安全事项：

（1）使用钳形电流表时，应注意钳形电流表的电压等级。测量时戴绝缘手套，站在绝缘垫上，不得触及其他设备，以防短路或接地。观测表计时，要特别注意保持头部与带电部分的安全距离。

（2）测量低压熔断器和水平排列低压母线电流时，测量前应将各相熔断器和母线用绝缘材料加以包护隔离，以免引起相间短路，同时应注意不得触及其他带电部分。

（3）在测量高压电缆各相电流时，电缆头线间距离应在300mm以上，且绝缘良好，测量方便者，方可进行。当有一相接地时，禁止测量。

（4）钳形电流表应保存在干燥的室内，使用前要擦拭干净。

62. 使用绝缘电阻表时应如何防范触电？

答：使用绝缘电阻表时应重点注意下列防范触电的安全事项：

（1）测量用的导线，应使用相应的绝缘导线，其端部应有绝缘套。

（2）测量绝缘时，应将被测设备从各方面断开，验明无电压，确实证明设备无人工作后，方可进行。在测量中禁止他人接近被测设备。在测量绝缘前后，应将被测设备对地放电。测量线路绝缘时，应取得许可并通知对侧后方可进行。

（3）在有感应电压的线路上测量绝缘时，应将相关线路同时停电，方可进行。雷电时，禁止测量线路绝缘。

（4）在带电设备附近测量绝缘电阻时，测量人员和绝缘电阻表安放位置应选择适当，保持安全距离，以免绝缘电阻表引线或引线支持物触碰带电部分。移动引线时，应注意监护，防止作业人员触电。

63. 电力电缆线路试验应注意哪些安全事项？

答： 电力电缆线路试验应重点注意下列安全事项：

（1）电力电缆试验要拆除接地线时，应征得工作许可人的许可（根据调控人员指令装设的接地线，应征得调控人员的许可），方可进行。工作完毕后立即恢复。

（2）电缆耐压试验前，加压端应做好安全措施，防止人员误入试验场所。另一端应设置围栏并挂上警告标示牌。如另一端是上杆的或是锯断电缆处，应派人看守。

（3）电缆耐压试验前，应先对设备充分放电。

（4）电缆的试验过程中，更换试验引线时，应先对设备充分放电，作业人员应戴好绝缘手套。

（5）电缆耐压试验分相进行时，另两相电缆应接地。

（6）电缆试验结束，应对被试电缆进行充分放电，并在被试电缆上加装临时接地线，待电缆尾线接通后才可拆除。

（7）电缆故障声测定点时，禁止直接用手触摸电缆外皮或冒烟小洞。

64. 使用绝缘操作杆时应注意哪些安全事项？

答： 使用绝缘操作杆时应重点注意下列安全事项：

（1）在进行换接试验接线时，操作人员应集中精力，防止绝缘棒脱手；

（2）操作人应站在被试设备内侧，保持与邻近带电间隔的安全距离，避免绝缘操作杆倒下时引起事故；

（3）必要时应由 2 人同时协作操作；

（4）风力较大时应停止试验作业。

65. 超声波局放测试应注意哪些安全事项？

答： 超声波局放测试应重点注意下列安全事项：

（1）检测人员应避开设备防爆口或压力释放口；

（2）在进行检测时，要防止误碰、误动运行设备；

（3）防止传感器坠落损坏或误碰设备；

（4）检测现场出现异常情况时，应立即停止检测工作并撤离现场；

（5）如果发现信号异常，应取多点进行比较，进行幅值定位，同时记录 PRPS、PRPD 图谱，判断缺陷类型与严重程度。必要时采用气体成分分析、特高频法综合分析。

66. 励磁特性测量应注意哪些安全事项？

答：励磁特性测量应重点注意下列安全事项：

（1）未装接地线的大电容被试设备，应先行放电再做试验；

（2）变更接线或试验结束时，应首先断开试验电源，放电，并将升压设备的高压部分放电、短路接地；

（3）如表计的选择档位不合适需要换档位时，应缓慢降下电压，切断电源再换档，以免剩磁影响试验结果；

（4）电流互感器励磁曲线试验电压不能超过 2kV，电流大小以制造厂技术条件为准；

（5）电压互感器施加电流不超过其二次额定容量，在任何试验电压下电流均不能超过其最大允许电流；

（6）对于中性点不接地（接地）系统，必须进行 $1.9U_\mathrm{m}/\sqrt{3}$（$1.5U_\mathrm{m}/\sqrt{3}$）电压下的励磁电流测量，并在 $1.9U_\mathrm{m}/\sqrt{3}$ 电压范围内各测量点是线性的关系。

67. 避雷器带电测试应注意哪些安全事项？

答：避雷器带电测试应重点注意下列安全事项：

（1）注意不同电压等级的安全距离，若不满足安全距离，为防止人身触电事故，禁止进行带电测试；

（2）试验时穿绝缘鞋、戴绝缘手套，绝缘工器具应检验合格；

（3）下雨、雷电、大风天气时，不得进行避雷器的带电测试；

（4）湿度较大时，绝缘表面或者空气的击穿电压会降低，要注意增大试验时的安全距离，防止出现不必要的放电击穿，造成设备的损坏和人身事故；

（5）升压时，升压要缓慢，特别注意被试品的放电现象。若升压过快易发生击穿，可能损坏被试设备和试验设备。

68. GIS 设备串联谐振耐压试验应如何防人身触电？

答：GIS 设备串联谐振耐压试验应重点注意下列防人身触电的安全事项：

（1）现场应配备足够的高压试验人员，在试验设备和被试品等所有升压后带电的部分之外加设围栏，并派专人看守，防止人员误入试验区域，并注意安全距离，防止触电事故；

（2）升压时，应设置警灯或者警铃，试验人员注意力要集中，并高声呼唱；

（3）试验过程中更改接线或试验结束后，要确保残余电压泄放完毕，可靠放电接地后才可接近被试 GIS。

69. 接地阻抗测量应注意哪些安全事项?

答:接地阻抗测量应重点注意下列安全事项:

(1)接地阻抗测量应在良好的天气下进行,为防止系统接地或雷电引流,在遇雷、雨、雪、雾天气下禁止进行该项工作;

(2)在进行试验时,要防止误碰误动设备,注意中性点等带电体;

(3)试验期间电流线严禁断开,电流线全程和电流极处要有专人看护,防止人身触电;

(4)变电站发现有系统接地故障时,禁止进行接地网接地电阻的测量。

70. 变压器绕组直流电阻现场测量应注意哪些安全事项?

答:变压器绕组直流电阻现场测量应注意下列安全事项:

(1)试验前必须认真检查试验接线,电流线夹与设备的连接需牢固,防止试验过程中掉落产生高压,应通知有关人员离开被试设备,并取得试验负责人许可,方可加压。

(2)对无励磁调压变压器在变换分接位置时,必须切断电源。

(3)变压器绕组电阻测定时,必须准确记录绕组温度;注意绕组电阻的测量电流不宜超过 7A,铁心的磁化极性应保持一致。

(4)试验结束时,试验人员应拆除自装的接地短路线,并对被试设备进行检查,并充分放电,恢复试验前的状态,消除直流电阻试验带来的剩磁影响。

五、继电保护

71. 充电装置恢复运行操作时应注意哪些安全事项？

答： 充电装置恢复运行操作时，必须先合交流侧断路器，再合直流侧断路器，防止浮充电装置起动电流过大，而引起交流进线断路器跳闸。

72. 使用便携式接地查找仪进行二次回路接地故障作业应注意哪些安全事项？

答： 使用便携式接地查找仪进行二次回路接地故障作业应重点注意以下安全事项：

（1）不宜采用对直流系统注入低频信号工作方式的便携式接地查找仪，以减少对直流系统的影响；

（2）在将便携式接地查找仪接入直流系统内之前，应先将直流系统中原绝缘监测装置停用（包括拆除装置工作接地点），避免双方装置内电阻桥相互影响；

（3）查找作业时防止误碰运行二次设备，造成设备短路、接地或人身触电。

73. 绝缘监测装置进行交流窜入直流告警功能试验时应注意哪些安全事项？

答：绝缘监测装置进行交流窜入直流告警功能试验时应重点注意以下安全事项：

（1）严禁将在电阻零位的调压器直接接入正负极，防止造成直流系统正负极短路；

（2）交流电源与直流系统间宜用小电容隔离，确保直流系统不倒送影响交流电源。

74. 更换运行中单体落后蓄电池应注意哪些安全事项？

答：更换运行中单体落后蓄电池应重点注意以下安全事项：

（1）确保蓄电池组不脱离直流系统；

（2）使用临时蓄电池并接应确保临时蓄电池合格；

（3）使用跨接宝时应保证跨接宝完好；

（4）如直流系统中有电磁型合闸负荷，在更换前应停用；

（5）更换时应采用绝缘工器具。

75. 操作带有信号熔丝的直流馈线应注意哪些安全事项?

答: 操作带有信号熔丝的直流馈线应重点注意下列安全事项:

(1) 停用馈线时,应先断开开关或隔离开关,再取信号熔丝,最后再取馈线熔丝,防止通过信号熔丝形成回路;

(2) 取熔丝时应先取正极,再取负极,防止寄生回路造成保护误动;

(3) 复役时与停用时的操作相反。

76. 阀控式蓄电池容量试验应注意哪些安全事项?

答: 阀控式蓄电池容量试验应重点注意下列安全事项:

（1）严禁造成直流短路、接地；

（2）注意观察直流母线电压，严禁电压过高、过低；

（3）严禁造成蓄电池过放电，造成蓄电池不可恢复性故障，半容量放电蓄电池组的端电压不应低于 $2V \times N$，全容量放电蓄电池组的端电压不应低于 $1.8V \times N$；

（4）严禁造成直流母线失电压，造成系统事故；

（5）开启蓄电池室通风装置；

（6）使用绝缘或采取绝缘包扎措施的工具。

77. 在低压配电装置和低压导线上进行低压不停电工作时应如何防范短路？

答： 在低压配电装置和低压导线上进行低压不停电工作时，为防范短路，应重点注意下列措施：

（1）作业前，应先分清相线和中性线，选好工作位置。断开导线时，应先断开相线，后断开中性线。搭接导线时，顺序应相反。人体不得同时接触两根导线裸露部分。

（2）低压不停电工作时，应采取遮蔽有电部分等防止相间或接地短路的有效措施；若无法采取遮蔽措施时，则将影响作业的有电设备停电。

（3）使用有绝缘柄的工具，其外裸的导电部位应采取绝缘措施，防止操作时相间或相对地短路。工作时，应穿绝缘鞋和全棉长袖工作服，并戴手套、安全帽和护目镜，站在干燥的绝缘物上进行。禁止使用锉刀、金属尺和带有金属物的毛刷、毛掸等工具。

78. 在带电的电流互感器二次回路上工作时应注意哪些安全事项？

答：在带电的电流互感器二次回路上工作时应重点注意下列安全事项：

（1）禁止将电流互感器二次侧开路（光电流互感器除外）。

（2）短路电流互感器二次绕组，应使用短路片或短路线，禁止用导线缠绕。

（3）在电流互感器与短路端子之间导线上进行任何工作，应有严格的安全措施，并填用"二次工作安全措施票"。必要时申请停用有关保护装置、安全自动装置或自动化监控系统。

（4）工作中禁止将回路的永久接地点断开。

（5）工作时，应有专人监护，使用绝缘工具，并站在绝缘垫上。

79. 在带电的电压互感器二次回路上工作时应注意哪些安全事项？

答：在带电的电压互感器二次回路上工作时应重点注意下列安全事项：

（1）严格防止短路或接地。应使用绝缘工具，戴手套。必要时，工作前申请停用有关保护装置、安全自动装置或自动化监控系统。

（2）接临时负载，应装有专用的刀闸和熔断器。

（3）工作时应有专人监护，禁止将回路的安全接地点断开。

80. 哪些情况下智能变电站二次工作需要编制安全措施票？

答：下列情况智能变电站二次工作需要编制安全措施票：

（1）在与运行设备有联系的二次回路上进行涉及继电保护和电网安全自动装置的拆、接线工作；

（2）在与运行设备有联系的 SV、GOOSE 网络中进行涉及继电保护和电网安全自动装置的拔、插光纤工作（若遇到紧急情况或工作确实需要）；

（3）开展修改、下装配置文件且涉及运行设备或运行回路的工作。

81. 变电二次设备拆除作业时应注意哪些安全事项？

答：变电二次设备拆除作业时应重点注意下列安全事项：

（1）断开被拆设备各来电侧交、直流电源小开关（或熔丝），确保设备拆除过程中不影响上、下级电源回路的正常运行；

（2）完成与运行设备有关的交流、直流电压回路的过渡（如公用二次小母线、断路器操作电源等），确保被拆二次设备的退出不影响其他设备的安全运行；

（3）被拆设备中如串接运行设备有关的电流回路，应做好与运行设备有关的电流回路隔离措施，防止造成运行设备误动或异常；

（4）被拆设备与运行设备有关的联跳回路应在运行设备侧拆除，并可靠隔离；

（5）在拆除设备作业过程中仔细慎重，避免震动或撞击相邻设备，采取措施防止相邻设备误动，必要时停用由于振动可能会误动的相邻二次设备；

（6）拆除相邻屏（柜）间固定螺栓，防止被拆屏（柜）移动时造成运行设备倾倒。

82. 变电二次设备控制电缆拆除应注意哪些安全事项？

答： 变电二次设备控制电缆拆除应重点注意下列安全事项：

（1）旧电缆拆除前应做好核对工作，首先应核对由运行部门提供的详细现场图纸资料，并根据电缆的走向进行认定两侧走向无误，先断开运行设备侧电缆接线，再断开另一侧电缆接线，两侧对线进行导通确认，无误后方可拆除；

（2）电缆拆除应采用通过专用螺丝刀逐个拆离端子并做好绝缘隔离（如绝缘胶布包扎等）的方式，不得使用钢丝钳或采用其他方式切断整条电缆，防止由于电缆切断过程中引起的二次回路短路；

（3）在旧屏（柜）控制电缆拆除前必须做好每根电缆线芯的标记，并确认每个电缆接线头已做好绝缘措施，方可将电缆从旧屏（柜）中抽出；

（4）核对电缆芯线时应先用合适的电压表确认无压后，方可对线。

83. 变电二次设备搭接工作应注意哪些安全事项？

答：变电二次设备搭接工作应重点注意下列安全事项：

（1）变电站扩建、技改工程涉及运行设备的电缆搭接工作必须在新建设备施工完毕，验收合格后，方可由施工单位向设备运维管理单位申请进行搭接；

（2）变电站扩建、技改工程的电缆搭接工作，新建设备侧由施工单位负责，运行设备侧由设备运维管理单位负责；先搭接新建设备侧，再搭接运行设备侧；

（3）变电站扩建、技改工程涉及运行开关传动试验工作一般由设备运维管理单位担任工作负责人及安全监护人。

84. 直流接地排查时应注意哪些安全事项？

答：直流接地排查时应重点注意下列安全事项：

（1）查找接地点禁止使用灯泡寻找的方法；

（2）用仪表检查时，所用仪表的内阻不应低于 2000 Ω/V；

（3）当直流发生接地时，禁止在二次回路上工作；

（4）处理时不得造成直流短路和另一点接地；

（5）试拉时应采取必要的措施，以防止直流失电可能引起的保护及自动装置的误动，特别应注意防止由于直流失电引起交流失压而引起的保护误动。

85. 变电二次设备异常处理时应注意哪些安全事项?

答: 变电二次设备异常处理时应重点注意下列安全事项:

(1) 只有解除出口压板及相关回路, 停用相关保护, 断开直流电源后, 才允许对装置进行处理;

(2) 对于拒动事故, 必须先用高内阻电压表确认跳合闸回路确实良好后, 方可将跳闸压板取下。拆动其他回路之前, 也应遵循这一原则;

(3) 对距离保护误动事故, 应先测定电压回路正常, 检查 N600 端子可靠接地后, 方可拆动电压回路接线;

(4) 对于可能因继电器机械部分原因造成的保护拒动, 应先按实际回路的动作顺序进行检验, 不得盲目打开继电器外壳用手触动继电器。

86. 保护装置及自动装置改接线作业应如何防止"误接线"?

答: 保护装置及自动装置改接线作业应重点注意下列防止"误接线"的安全事项:

(1) 先在原图上作好修改, 经主管继电保护部门批准;

(2) 按图施工, 不准凭记忆工作, 拆动二次回路时必须逐一做好记录, 恢复时严格核对;

(3) 改完后, 作相应的逻辑回路整组试验, 确认回路、极性及整定值完全正确, 然后交由值班运行人员验收后再申请投入运行;

（4）施工单位应立即通知现场与主管继电保护部门修改图纸，工作负责人在现场修改图纸上签字，未经修改的原图应要求作废。

87. 继电保护工作结束后投入跳合闸压板时应注意哪些安全事项？

答： 继电保护工作结束后投入跳合闸压板时应重点注意下列安全事项：

（1）在保护工作结束，恢复运行时，投入跳闸合闸压板应由运维人员操作；

（2）先检查相关跳闸和合闸压板在断开位置。投入工作电源后，检查装置正常，用高内阻的电压表检验压板的每一端对地电位都正确后，才能投入相应跳闸和合闸压板。

88. 继电保护和电网安全自动装置检验应如何防控"误接线"风险？

答： 继电保护和电网安全自动装置检验时，应重点注意下列防控"误接线"的安全事项：

（1）凡与其他运行设备二次回路相连接线应有明显标记，应按安全措施票断开或短路有关回路，并做好记录。

（2）试验前，已经执行继电保护安全措施票中的安全措施内容。

（3）执行和恢复安全措施时，需要二人工作。一人负责操作，工作负责人担任监护人，并逐项记录执行和恢复内容。

（4）断开二次回路的外部电缆后，应立即用红色绝缘胶布包扎好电缆芯线头。

（5）红色绝缘胶布只作为执行继电保护安全措施票安全措施的标识，未征得工作负责人同意前不应拆除。对于非安全措施票内容的其他电缆头应用其他颜色绝缘胶布包扎。

（6）在一次设备运行而停部分保护进行工作时，应特别注意断开不经压板的跳闸回路（包括远跳回路）、合闸回路和与运行设备安全有关的连线。

89. 用继电保护和电网安全自动装置传动断路器时应注意哪些安全事项？

答：用继电保护和电网安全自动装置传动断路器时，应重点注意下列安全事项：

（1）用继电保护和电网安全自动装置传动断路器前，应告知运行值班人员和相关人员本次试验的内容，以及可能涉及的一、二次设备；

（2）派专人到相应地点确认一、二次设备正常后，方可开始试验；

（3）试验时，继电保护人员和运行值班人员应共同监视断路器动作行为。

90. 继电保护安全措施票恢复过程中如何防控"漏项"风险?

答:继电保护安全措施票恢复过程中,应重点防控下列"漏项"风险:

(1)按照继电保护安全措施票"恢复"栏内容,一人操作,工作负责人担任监护人,并逐项记录。原则上安全措施票执行人和恢复人应为同一人。工作负责人应按照继电保护安全措施票,按端子排号再进行一次全面核对,确保接线正确。

(2)复查临时接线全部拆除,断开的接线全部恢复,图纸与实际接线相符,标志正确。

(3)工作结束,全部设备和回路应恢复到工作开始前状态。工作负责人应向运维人员详细进行现场交代,填写继电保护工作记录簿。主要内容有检验工作内容、整定值变更情况、二次接线变化情况、已经解决问题、设备存在的缺陷、运行注意事项和设备能否投入运行等。经运维人员检查无误后,双方应在继电保护工作记录簿上签字。

91. 智能变电站保护有哪些安全隔离措施?

答:智能变电站保护有以下主要安全隔离措施:

(1)继电保护和安全自动装置的安全隔离措施一般可采用投入检修压板,退出装置软压板、出口硬压板以及断开装置间的连接光

纤等方式,实现检修装置(新投运装置)与运行装置的安全隔离;

(2)在"检修装置""相关联运行装置"及"后台监控系统"三处核对装置的检修压板、软压板等相关信息,以确认安全措施执行到位;

(3)安全措施实现可视化,将保护装置、二次回路及软压板等信息智能分析后以图形化方式显示装置检修状态和二次虚回路等的连接状态。

92. 保护设备调试定值要注意哪些安全事项?

答: 保护设备调试定值要重点注意下列安全事项:

（1）调试保护装置定值时，先核对通知单与实际设备是否相符（包括互感器的接线、变比），及有无审核人签字。根据电话通知整定时，应在正式的运行记录簿上作电话记录，并在收到整定值通知单后，将试验报告与通知单逐条核对。

（2）所有交流继电器的最后定值试验，必须在保护屏的端子排上通电进行。开始试验时，应先做好原定值试验，如发现与上次试验结果相差较大或与预期结果不符等任何细小问题时，应慎重对待，查找原因。在未得出结论前，不得草率处理。

👤 93. 二次回路绝缘测试应注意哪些安全事项？

答： 二次回路绝缘测试应重点注意下列安全事项：

（1）在对二次回路进行绝缘检查前，必须确认被保护设备的断路器、电流互感器全部停电，交流电压回路已在电压切换把手或分线箱处与其他回路断开，并与其他回路隔离完好后，才允许进行；

（2）试验线连接要牢固；

（3）每进行一项绝缘试验后，须将试验回路对地放电；

（4）对母线差动保护、断路器失灵保护及电网安全自动装置，如果不可能出现被保护的所有设备都同时停电的机会时，其绝缘电阻的检验只能分段进行，即哪一个被保护单元停电，就测定这个单元所属回路的绝缘电阻。

94. 拔出光纤应注意哪些安全事项?

答:拔出光纤应注意下列安全事项:

(1)应核对所拔光纤的4类编号[端口号(含插件号)/回路号/光缆号/功能]后再操作,同时核查监控后台的信号是否符合预期;

(2)拔出后盖上防尘帽后盘好放置,做好标识(如使用红胶布),并确保光纤的弯曲程度符合相关规范要求;

(3)由于断开装置间光纤的安全措施存在装置光纤接口使用寿命缩短、试验功能不完整等问题,对于可通过退出发送侧和接收侧两侧软压板来隔离虚回路连接关系的光纤回路,检修作业不优先采用断开光纤的安全措施。

95. 智能设备"检修状态硬压板"投入过程中应注意哪些安全事项?

答:智能设备"检修状态硬压板"投入过程中应重点注意下列安全事项:

(1)操作保护装置检修压板前,应确认保护装置处于信号状态,且与之相关的运行保护装置(如母差保护、安全自动装置等)二次回路的软压板(如失灵启动软压板等)已退出。

(2)在一次设备停役时,操作间隔合并单元检修压板前,需确认相关保护装置的SV软压板已退出,特别是仍继续运行的保护装置。在一次设备不停役时，应在相关保护装置处于信号或停用后，方可投入该合并单元检修压板。对于母线合并单元，在一次设备不停役时，应先按照母线电压异常处理、根据需要申请变更相应继电保护的运行方式后，方可投入该合并单元检修压板。

（3）在一次设备停役时，操作智能终端检修压板前，应确认相关线路保护装置的"边（中）断路器置检修"软压板已投入（若有）。在一次设备不停役时，应先确认该智能终端出口硬压板已退出，并根据需要退出保护重合闸功能、投入母线保护对应隔离刀闸强制软压板后，方可投入该智能终端检修压板。

（4）操作保护装置、合并单元、智能终端等装置检修压板后，应查看装置指示灯、人机界面变位报文或开入变位等情况，同时核查相关运行装置是否出现非预期信号，确认正常后方可执行后续操作。

👤 96. 站用直流系统接地会导致哪些风险？

答：站用直流系统接地会导致下列主要风险：

（1）直流系统两点接地有可能造成保护装置及二次回路误动；

（2）直流系统两点接地有可能使得保护装置及二次回路在系统发生故障时拒动；

（3）直流系统正、负极间短路有可能使得直流保险熔丝熔断；

（4）直流系统一点接地时，如交流系统也发生接地故障，则有可能对保护装置形成干扰，严重时会导致保护装置误动作；

（5）对于某些动作电压较低的断路器，当其跳（合）闸线圈前一点接地时，有可能造成断路器误跳（合）闸。

👤 97. 如何防止二次电压回路多点接地？

答：防止二次电压回路多点接地应重点注意下列安全事项：

（1）公用电压互感器有电路联系的二次回路只允许在控制室内有一点接地，为保证接地可靠，各电压互感器的中性线不得接有可能断开的开关或熔断器等；

（2）已在控制室一点接地的电压互感器二次线圈，宜在开关场将二次线圈中性点经接地保护器接地，该接地保护器应采用具备热脱扣和电流脱扣功能，具有掉牌指示和遥信节点，以便日常巡视及接入监控系统，采用插拔结构以便检修维护；

（3）结合站内检修工作，在天气晴朗时，可利用 mA 级钳形电流表对流过 N600 接地线的电流值进行实测，记录相关数据。对于各电压等级 N600 小母线分别接地的，应分别测量并记录。若实测电流大于 50mA，应立即对电压互感器二次回路及其接地情况进行全面核查，防止多点接地。测量间隔时间不应超过半年，若测量值超过前一次 20mA 以上，应立即进行专项检查。电压互感器及其相关回路工作后，必须对 N600 接地线的电流值进行实测并记录。

98. 电流回路接地点设置应注意哪些安全事项?

答: 电流回路接地点设置应重点注意下列安全事项:

（1）公用电流互感器二次绕组二次回路只允许且必须在相关保护柜屏内一点接地;

（2）独立的、与其他电压互感器和电流互感器的二次回路没有电气联系的二次回路应在开关场一点接地。

99. 为防止母联断路器操作时微机母差保护拒动、误动,应注意哪些安全事项?

答: 为防止母联断路器操作时微机母差保护拒动、误动,应重点注意下列安全事项:

（1）对于双母线接线,互联状态（倒闸过程中）需合上"内联连接片",同时软件上也能实现两段母线经隔离开关连为单母线运行;

（2）对于双母线接线方式,母联断开,母线分列运行时,须合上"分列运行连接片",母联 TA 退出小差动;

（3）母联断路器和一组母线 TV 同时检修时,则要求检修 TV 所在母线上的出线切换至另一条母线上运行;

（4）对母联兼旁路断路等接线方式,装置能自动适应母线运行方式的改变,同时设立"母联、旁路"两种状态的切换连接片与相应的运行方式适应。装置须引用母线旁路隔离开关的动断、动合触点。

100. 屏（柜）上方公用小母线拆除作业中，应注意哪些安全事项？

答：屏（柜）上方公用小母线拆除和恢复作业中，应重点注意下列安全事项：

（1）开断公用小母线前，应首先进行电缆跨接，确保工作屏小母线开断后不影响其余非工作屏设备的正常运行。

（2）若要开断小母线，开断工具应做好绝缘措施。在开断前，被开断母线与相邻设备及其他小母线间，应用耐磨绝缘材料做好隔离措施。

（3）开断小母线应逐一进行，同时监测相邻屏同一小母线电压值，先开断近端，再开断远端。